多蔬少油蒸鍋

一天一鍋！健康・美味！

岩崎啓子

笛藤出版

何謂蒸鍋料理…

「肉類也可以料理得這麼軟，而且還很多汁！？」

「蔬菜的滋味不但鮮美，又很甘甜！」

和一種前所未有的新味道相遇，等於揭開了一連串驚喜的序幕。

蒸鍋料理之所以美味，秘訣在於蒸比煮更能保留食材的鮮味和營養成分。

除了能享用大量營養價值不流失的甘甜蔬菜，連肉類和海鮮多餘的脂肪也能大幅降低，可謂健康百分百。準備起來也簡單得不得了，只要把食材切好就行了。更棒的是，不需要多少時間就能端上桌。上述幾點，就是蒸鍋料理最大的魅力。

蒸鍋的構造本身非常簡單。

下面的鍋子用來盛裝高湯，上面的蒸器（蒸籠或蒸盤）則是盛放食材的容器。首先利用高湯的蒸氣把食材蒸熟，再淋上醬料或加點蘸醬就可以開動了。

蒸熟後，滴滴精純的肉汁和蔬菜湯汁融合成難以言喻的絕美滋味；這股滋味，正是蒸鍋料理的「醍醐味」。最後，不論加點麵條或白飯，保證叫人心滿意足、意猶未盡。

材料不拘，任何食材通通歡迎。想吃什麼，就放什麼吧。蘸醬和最後加入的飯或麵也可以任意搭配。本書在每道料理都會附上「誠心推薦」的蘸醬和最後壓軸好料的飯、麵；當然，大家可發揮創意自由變換。

猜得沒錯吧，各位讀者，你們是不是開始也想來一鍋了呢？

蒸鍋料理的作法

❶把高湯倒進鍋內。

❷把蒸盤放入鍋內，點火加熱。

※如果湯頭加了昆布，請等到高湯沸騰後，先撈出昆布再放入蒸盤。

※若使用耐熱容器，請把高湯也倒進容器。

另外，如果要加固體高湯塊，請等到高湯塊完全溶解後再放入容器。

加熱後的高湯很燙，請小心不要燙傷！

❸高湯煮滾後，把切好的食材放入容器。

❹蓋上鍋蓋，調整到讓蒸氣足以冒出的火候。

※受熱時間不同的食材，必須分次放入鍋內。

❺請以蘸醬或淋醬（p.24～32）搭配蒸熟的食材享用。

❻把最後收尾的材料（p.33）放進湯裡，享用蒸鍋料理的精華。

蒸鍋的構造 —鍋子的妙用法—

「需要準備專用的鍋子嗎？」不用、不用～不必擔心這個問題。只要利用手邊現有的鍋子就OK！

本書依照鍋子&蒸器的種類分爲「第一章‧現有的鍋子」「第二章‧蒸籠」「第三章‧專用蒸鍋」「第四章‧蒸煮鍋」。一～三章靠蒸氣把食材蒸熟，所以需要蒸籠或蒸盤。第四章介紹的是先讓食材裹上醬料再蒸煮的調理方式，不需要蒸盤。

第三章的「專用蒸鍋」應該不必特別說明吧。最重要的是第一章的「現有的鍋子」。第二章的「蒸籠」中，放在下面使用的鍋子，也是用家中現有的鍋子就OK了。

放在下面盛裝湯頭的鍋子種類不拘，有什麼就用什麼。重點是放在鍋子上面的蒸器（蒸盤）。這次出現在本書的有不鏽鋼材質的伸縮式蒸盤、大小可任意調整的落蓋、竹篩等。

蒸器必須和鍋底保持4～6cm的高度，才能讓鍋裡的湯即使沸騰，也不會接觸蒸器。而且盛好食材後也可蓋緊鍋蓋。如果用的是筒狀型鍋具，很難穩定地固定住蒸盤。

這時，只要先在鍋底放個耐熱容器，就不必擔心蒸盤會東倒西歪了。

另外，無論是什麼種類的鍋子，一律少不了鍋蓋。蒸鍋料理的原理是以通過蒸器的蒸氣接觸鍋蓋，利用上下對流的蒸氣把食材蒸熟。

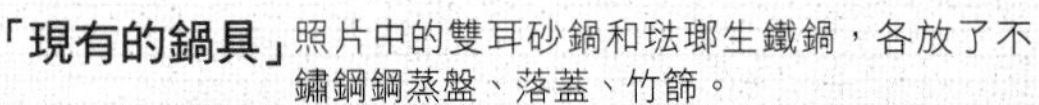

「現有的鍋具」照片中的雙耳砂鍋和琺瑯生鐵鍋，各放了不鏽鋼鋼蒸盤、落蓋、竹篩。

「蒸籠」

照片中的是放在鋁鍋上的蒸籠。如果把鍋子換成中華鍋、砂鍋等其他鍋具也沒問題，只要有蒸籠就OK了。

「蒸煮鍋」

不需要安裝蒸盤的「蒸煮鍋」。照片中的鍋具是摩洛哥塔吉鍋（Tajine）。除了普通鍋具，平底鍋、壽喜燒用的鐵鍋等也適用。

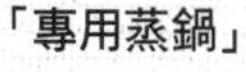

「專用蒸鍋」

最常見的是兩段式的不鏽鋼材質，照片中的是搭配了陶瓷蒸盤的砂鍋。

本書的通則

- ●本書用的高湯以柴魚和昆布熬煮而成。若改用市售的和風高湯粉也無妨。
- ●蘸醬和醬料的材料（P.24-P.32），都是單次容易製作的份量。
- ●每一鍋的材料都是4人份。不過，照片中的示範不一定僅限4人份。

計量

1 大匙 =15ml　1 小匙 =5ml
1 杯 =200ml　ml = cc

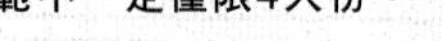

目次

【第一章】以現有的鍋子當作蒸鍋

就算有點貪心，這個想放，那個也想加也沒關係。
也不必煩惱食材會不會多到讓鍋蓋無法完全蓋緊，
因為加熱一段時間以後，鍋蓋就會閉起來了。
隨著蒸氣的熱度，食材的體積會逐漸縮小，
美味也不斷濃縮。
等到鍋蓋完全閉合，代表一鍋好菜也即將完成。

鍋子·盤子／花田

豬肉豆芽菜

材料雖然簡單，卻能將食材的滋味發揮得淋漓盡致。
開動前撒點黑胡椒，
就是符合成人喜好的成熟風味了。

材料（4人分）
豆芽菜—2袋
涮涮鍋專用豬肉片——400g
黑胡椒——少量
【湯頭】
米酒——3大匙
水——3杯
【醬料】
美乃滋酸橘醋（作法在p.30）
【收尾】
熟烏龍麵——2球

作法

❶摘掉豆芽菜的鬚根。

❷把湯頭的材料倒進鍋內。放入不鏽鋼蒸盤後，點火加熱。等湯滾了以後，鋪上全部的豆芽菜，再放上攤開的豬肉片。撒上黑胡椒，蓋上鍋蓋，以足夠冒出蒸氣的火候蒸8～9分鐘。

【收尾】用熱水淋熟烏龍麵，使麵條散開。再放進鍋裡稍微煮一下即可。

蔬菜鍋

匯集了各種五顏六色的蔬菜，有點像是熟食沙拉盤的感覺。
最後以蕃茄醬口味的義大利麵搭配充滿蔬菜精華的湯頭。

材料（4人分）
高麗菜—4片
地瓜—1小條
洋蔥—1個
紅椒—1個
西洋芹—1根
四季豆—60g
火腿（厚片）—2片
【湯頭】
高湯塊—1個
水—3杯
【蘸醬】
洋蔥調味醬（作法在p.30）
【收尾】
天使細麵—200g
蕃茄罐頭（切片）— ½ 罐
鹽．胡椒—各少量
橄欖油—1大匙

作法

❶把高麗菜任意切成大塊，地瓜切成圓形薄片，洋蔥切成細絲。紅椒切成隨意大小，西洋芹切成粗條，四季豆切掉蒂頭，火腿切成一口大小。

❷把湯頭的材料倒進鍋內。放入蒸盤後，點火加熱。等湯滾了以後，加入高麗菜、地瓜、洋蔥和甜椒，蓋上鍋蓋。以足夠冒出蒸氣的火候蒸15分鐘。接著加入西洋芹、四季豆、火腿，續蒸3～4分鐘。

【收尾】湯頭滾了以後，倒入蕃茄罐頭，等到再次沸騰，加入折成兩半的天使細麵。煮麵時，記得不時翻攪。加點鹽和胡椒調味，最後倒入橄欖油攪拌均勻。

湯頭

蒸熟這些可當作沙拉的蔬菜時，建議使用高湯塊。一般市售的高湯塊就可以了，這樣也大幅縮短了調理時間。

壓軸好料

雖然僅僅只加了半罐蕃茄罐頭，湯頭卻變得香醇濃郁，滋味鮮美。喜歡的話，也可以加點起士粉和羅勒，味道很棒喔。

南洋風海鮮丸子鍋

蝦子和干貝兩種海鮮丸子，讓人一下箸就停不了。
新鮮彈牙的丸子，搭配輕脆爽口的蔬菜，讓口感得到雙重滿足。

材料（4人分）
蝦子——4尾
干貝——2顆
A
- 白肉魚切片——300g
- 米酒——½大匙
- 魚露——1小匙
- 現榨薑汁——1小匙
- 胡椒——少量
- 蛋白——½個份
- 太白粉——1大匙

青江菜——2支
山苦瓜——¼條
西洋芹（菜梗）——1袋
豆芽菜——1袋
長蔥——1支

【湯頭】
中華料理口味的高湯粉——½小匙
薑片（薄片）——½塊
長蔥（蔥綠）——5cm
米酒——3大匙
水——3杯

【蘸醬】
南洋風蘸醬（作法在p.29）

【收尾】
越南河粉——200g
魚露、胡椒——各少量

作法

❶挑出蝦子的腸泥，把蝦肉和干貝分別剁細。
❷混合A所有的材料，攪拌均勻。分成兩份，分別混入①的蝦肉和干貝。
❸摘掉青江菜的菜葉後，把菜梗斜切成段；苦瓜去籽後，切成厚度約1cm的半月形薄片；把西洋芹的菜梗切成4cm小段；豆芽菜去掉鬚根，長蔥切成斜片。
❹把湯頭的材料倒進鍋內。放入蒸盤後，點火加熱。煮至沸騰後，鋪上青江菜的菜梗、豆芽菜、長蔥，再把②捏成團狀放入，最後蓋上鍋蓋，以足夠讓蒸氣冒出的火候蒸10分鐘。接著加入青江菜的菜葉、苦瓜、西洋芹，續蒸5分鐘左右。
【收尾】把越南河粉汆燙至熟。在湯裡加點魚露、胡椒調味，再放入河粉煮到滾。

單手鍋／花田

香草蒸雞肉

用蒸鍋的方式料理雞肉，肉質竟變得出乎意料的多汁美味。在餐桌上掀起鍋蓋後，撲鼻而來的是一股清香迷人的香草味。

材料（4人分）

雞腿肉——2片
鹽——⅓小匙
胡椒——少量
小洋蔥——8個
高麗菜——4片
杏鮑菇——2朵
西洋芹——1支
蘆筍——1束
小蕃茄——8顆
培根——2片
百里香．迷迭香——各少量

【湯頭】
高湯塊——1個
大蒜（拍扁）——1瓣
水——3杯

【醬料】
蕃茄酸橘醋（作法在p.25）、
咖哩鹽（作法在p.26）

【收尾】
通心粉——150g
鹽．胡椒（可加可不加）
——各適量

作法

❶把雞肉切成一口大小，撒上胡椒和鹽。把小洋蔥浸泡在溫水後，剝皮，對半切成兩半。高麗菜切成大塊；把杏鮑菇的菇梗切成圓片，菌傘縱切成4～6等分。西洋芹削筋後，隨意切成小塊；蘆筍切除堅硬的部分和根部的老皮後，切成3等分。小蕃茄去蒂，培根對半切成兩半。

❷把湯頭的材料倒進鍋內。放入蒸盤後，點火加熱。煮至沸騰後，放入雞肉、小洋蔥、高麗菜、杏鮑菇、西洋芹、培根、百里香、迷迭香，蓋上鍋蓋，以足夠讓蒸氣冒出的火候蒸15分鐘。接著加入蘆筍和小蕃茄，續蒸5分鐘。

【收尾】先汆燙義大利麵。再依照個人喜好在湯裡加點鹽和胡椒，再放入剛才以燙過的義大利麵煮到滾。

鍋／花田

分蔥鯽魚蒸

如果買到當季的新鮮鯽魚，鮮美的程度自然更勝一籌。
買不到分蔥的話，改用青蔥也可以。搭配梅汁酸橘醋享用，滋味絕佳。

材料（4人分）
鯽魚——4片
鹽——½小匙
米酒——2小匙
分蔥——1把
白菜——4片
白蘿蔔——400g
【湯頭】
昆布——5cm×15cm
薑片（薄片）——1塊
水——3杯
米酒——¼杯
【醬料】
梅汁酸橘醋（作法在p.24）
【收尾】
熟烏龍麵——2球

作法
❶把鯽魚片成薄片，用鹽和米酒醃10分鐘。
❷把分蔥斜切成段，白菜任意切成大塊，白蘿蔔切成粗絲。
❸把昆布和水倒進鍋內後，點火加熱。煮至沸騰後，取出昆布。接著加入米酒，放入蒸盤，點火加熱。煮滾後，放進白菜、白蘿蔔、鯽魚、蔥段，蓋上鍋蓋。用可以讓蒸氣冒出的火候蒸10分鐘。
【收尾】用熱水淋在烏龍麵，使麵條散開。再放進鍋裡稍微煮一下即可。

湯頭
湯頭加了大量的昆布，滋味香醇濃郁。為了避免昆布的澀味釋放在湯裡，一旦煮滾了就要撈起來。但最後如果不放麵條等，可以讓昆布一直留在鍋內無妨。

壓軸好料
如果蔥還有剩，不妨撒點在麵條上。蘸點梅汁酸橘醋就可以大快朵頤。

海瓜子

只要吃一口就明白了。這是一道靠食材本身決定好壞的簡單鍋品。
搭配中華口味的鹽味蘸醬，吃起來非常對味。

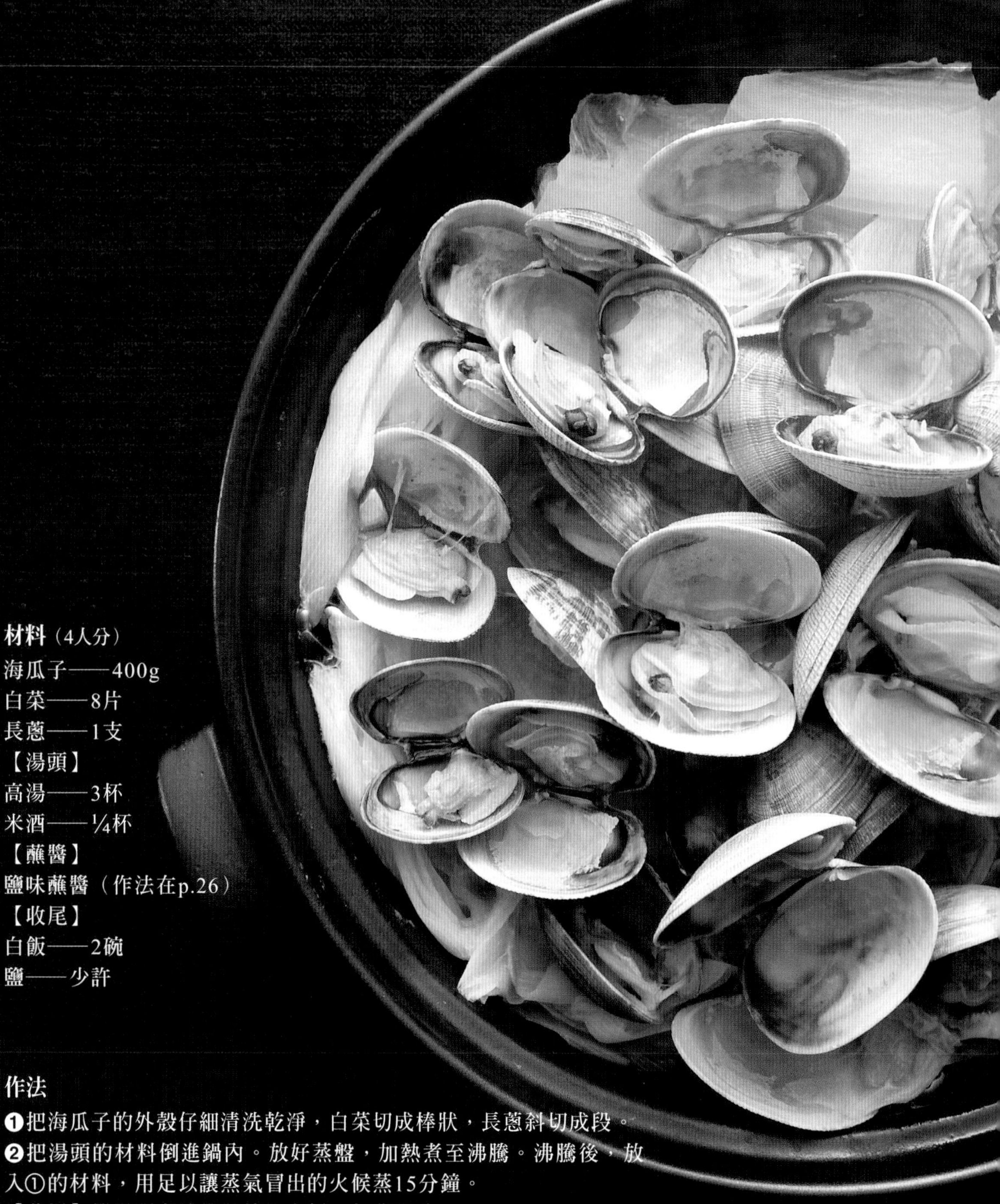

材料（4人分）
海瓜子——400g
白菜——8片
長蔥——1支
【湯頭】
高湯——3杯
米酒——¼杯
【蘸醬】
鹽味蘸醬（作法在p.26）
【收尾】
白飯——2碗
鹽——少許

作法

❶把海瓜子的外殼仔細清洗乾淨，白菜切成棒狀，長蔥斜切成段。
❷把湯頭的材料倒進鍋內。放好蒸盤，加熱煮至沸騰。沸騰後，放入①的材料，用足以讓蒸氣冒出的火候蒸15分鐘。
【收尾】等湯頭煮滾後，放入白飯，加鹽調味。

蒸餛飩

餛飩如果改用蒸的，吃起來依舊美味。大呼過癮的感覺，讓人吃了還想再吃。
喜歡餛飩的話，記得多準備點配料！

材料（4人分）

餛飩皮——1袋（24片）
豬絞肉——200g

A
- 薑汁——½小匙
- 米酒・醬油——各1小匙
- 麻油——1小匙
- 鹽・胡椒—各少量
- 長蔥（蔥花）——2大匙

白菜——4片
長蔥——1支
紅蘿蔔——½條
鴻喜菇——1袋

【湯頭】
中華高湯粉——1小匙
米酒—3大匙
水——3杯

【蘸醬】
辣椒酸橘醋（作法在p.27）

【收尾】
白飯——2碗
鹽・醬油——各少許

作法

❶把絞肉和A倒進碗內，攪拌均勻。
❷把水沾在餛飩皮的邊緣，用每一張皮包住分成24等分的①。
❸把白菜切成小塊，長蔥和紅蘿蔔切成4cm長的薄片；鴻喜菇切除底部基座後，分成小朵。
❹把湯頭的材料倒進鍋內。放好蒸盤，點火加熱。煮至沸騰以後，先鋪上白菜、排好餛飩，再加入長蔥、紅蘿蔔、鴻喜菇。最後蓋上鍋蓋，以足夠冒出蒸氣的火候蒸15分鐘。
【收尾】等湯頭沸騰，放入白飯，加點鹽和醬油調味。

金針菇牛肉捲

如果想吃得豐盛點，就選用上等的牛肉。
水芹微苦的滋味，為料理取得完美的平衡。

材料（4人分）
牛肉薄片——300g
鹽．胡椒——各少量
金針菇——1袋
水芹(cresson)——2把
高麗菜——6片
長蔥——1支
豆芽菜——1袋
鴻喜菇——1盒
【湯頭】
昆布—5cm×10cm
水——3杯
米酒—3大匙
【蘸醬】
手工製酸橘醋（作法在p.24）、
韭菜醬油（作法在p.27）
【收尾】熟蕎麥麵——2球

作法

❶用鹽和胡椒醃牛肉。切除金針菇的根部。
❷依照牛肉的片數，把等量的牛肉片捲起金針菇，切成3cm長。
❸把水芹切成4cm長，高麗菜切成大塊，長蔥切成1cm寬的小段。豆芽菜去掉鬚根；切掉鴻喜菇的底座後，分成小株。
❹把昆布和水倒進鍋內，點火加熱。沸騰後，撈出昆布。加入米酒，並放好蒸盤，再加入高麗菜、豆芽菜、鴻喜菇、②和長蔥，蓋上鍋蓋。以足夠讓蒸氣冒出的火候蒸8～10分鐘。蒸好後，加入水芹，再稍微蒸一下。
【收尾】用熱水淋在蕎麥麵，使麵條散開。再放進鍋裡稍微煮一下即可。

鍋／花田

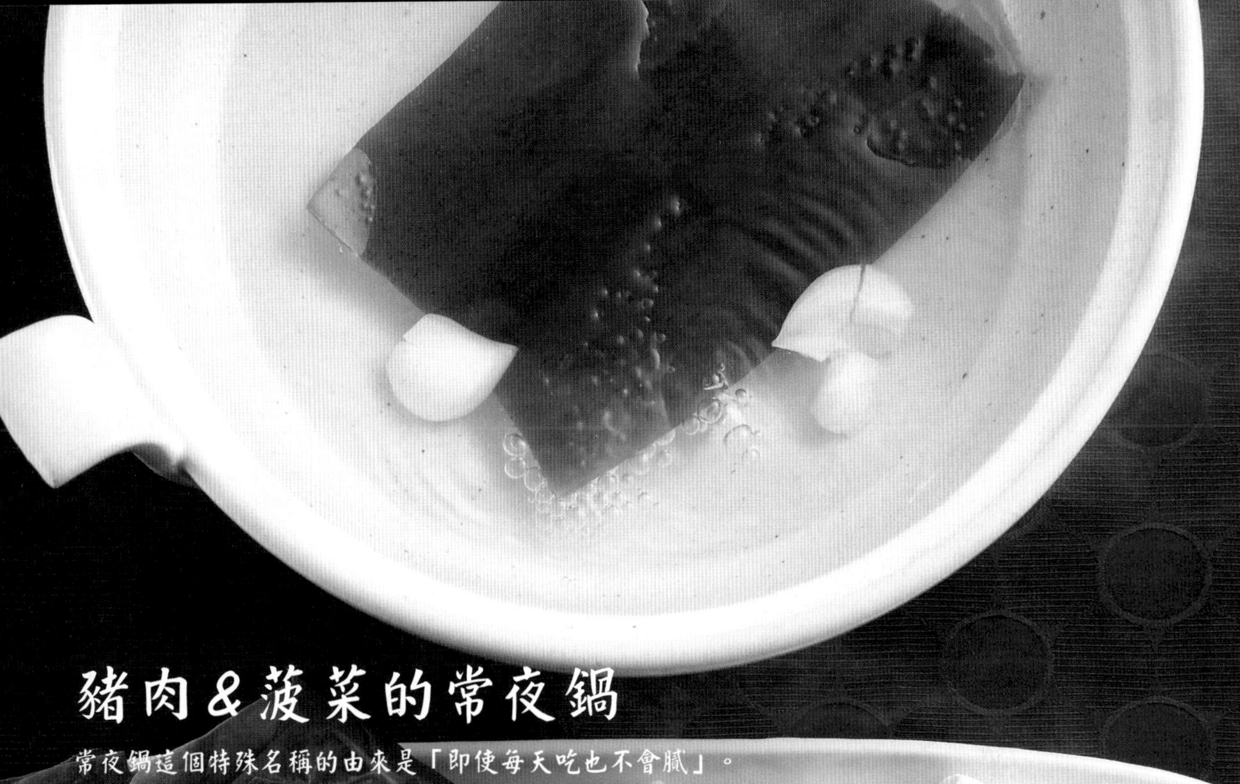

豬肉&菠菜的常夜鍋

常夜鍋這個特殊名稱的由來是「即使每天吃也不會膩」。
這種清爽迷人的滋味，
即使做成蒸鍋，依舊美味。

材料（4人分）

涮涮鍋用的豬肉薄片——400g
菠菜——1把
高麗菜——6片
長蔥——2支
豆芽菜——1袋
豆腐——½塊
【湯頭】
大蒜——1瓣
昆布——5cm×10cm
米酒——3大匙
水——3杯
【蘸醬】
海苔酸橘醋（作法在p.25）
【收尾】
熟烏龍麵——2球

作法

❶把菠菜切成4cm長，高麗菜切成大塊，長蔥斜切成段，豆腐切成4塊。

❷把拍扁的大蒜、昆布、水倒進鍋內，點火加熱。沸騰後撈出昆布。接著加入米酒，並放好蒸盤。煮滾後，放入高麗菜、長蔥、豆腐、豬肉片、菠菜。蓋上鍋蓋，以足夠讓蒸氣冒出的火候蒸5分鐘。

【收尾】用熱水淋在烏龍麵，使麵條散開。再放進鍋裡稍微煮一下即可。

橢圓長皿／花田

春季蔬菜鍋

色彩繽紛的各種春季蔬菜，光看就覺得賞心悅目。
最後畫下完美句點的雞肉黃金稀飯，也叫人垂涎不已。

材料（4人分）

高麗菜——6片
馬鈴薯——2顆
洋蔥——1個
紅蘿蔔——½根
海帶芽（泡開）——100g
土當歸——200g
油菜花——8支
迷你蘆筍——1袋
【湯頭】
雞翅膀——4支
薑片——3片薄片
昆布——5cm×10cm
米酒——3大匙
水——3杯
【蘸醬】
和風香味鹽（作法在p.26）、
芝麻蘸醬（作法在p.31）
【收尾】
白飯—2碗
蛋——2個
鹽．醬油——各少量

作法

❶把高麗菜切成大塊；馬鈴薯切成薄圓片後，泡水。洋蔥切成半月形；紅蘿蔔先切成3cm長，再縱切成薄片。海帶芽切成一口大小。把土當歸切成片狀，浸泡在醋水裡。切除油菜花堅硬的部分。

❷把雞翅膀、薑片、昆布、水倒進鍋內，點火加熱。沸騰後，撈出昆布。倒進米酒，放入蒸盤。煮滾後，加入高麗菜、馬鈴薯、紅蘿蔔，蓋上鍋蓋，以足夠讓蒸氣冒出的火候蒸10分鐘。接著放入海帶芽、土當歸、油菜花、蘆筍，續蒸3分鐘。

【收尾】撈出湯裡的雞翅膀和薑片。撕開雞翅膀的肉，放回鍋內。加入白飯，撒入適量的鹽和醬油，煮到滾。最後以繞圈的方式加入打散的蛋，攪拌均勻。

壓軸好料

把蛋汁慢慢地倒進鍋內，用湯杓略為攪拌。如果想品嚐雞肉濃郁的滋味，鹽和醬油記得少放一些，不夠再加。

雞肉丸子佐秋季蔬菜

備受歡迎的雞肉丸子，搭配嚼感十足的秋季蔬菜。
把雞肉丸子放進鍋內時，要保留適當的間隔，以免互相沾黏。

材料（4人分）

雞絞肉——400g

A
- 薑汁——½小匙
- 米酒——1小匙
- 鹽——⅓小匙
- 胡椒——少量
- 蔥花——3大匙
- 蛋汁——½個

蔥花——10g
蓮藕——½節
里芋——4個
牛蒡——½條
白菜——4片
香菇——4朵
平茸——1袋
菠菜——1把

【湯頭】
昆布——5cm×8cm
水——3杯
米酒——2大匙

【蘸醬】
柚子胡椒酸橘醋
（作法在p.25）

【收尾】
熟烏龍麵——2球

作法

❶把絞肉和A裝進碗內，仔細攪拌至產生黏性。加入蔥花，以大力切下的方式攪勻。

❷把蓮藕切成圓片。里芋洗淨後，用保鮮膜包起來，以微波爐（600W）加熱4分鐘。削皮後，隨意切成適當的大小。把牛蒡刨絲，浸泡在水裡。白菜切成片狀；香菇去掉底部後，對半切成兩半。切除平茸的底座，把菠菜切成4cm長。

❸把昆布和水倒進鍋內，點火加熱。沸騰後，撈出昆布。倒入米酒，並放進蒸盤。煮滾後，鋪上白菜，再放入捏成一口大小的①。放入菠菜以外的其他蔬菜，蓋上鍋蓋，以足夠讓蒸氣冒出的火候蒸10分鐘。蒸好後，加入菠菜，再稍微蒸一下。

【收尾】用熱水淋在烏龍麵，使麵條散開。再放進鍋裡稍微煮一下即可。

皿／花田

蔬菜火鍋湯

料可說一應俱全。
起士和芥末的重口味，滋味濃郁迷人。

8條
—4條
——80g
——¼顆
½根
個
¼個
個

【蘸醬】
奶油起司蘸醬（作法在p.32）、
芥末蘸醬（作法在p.32）
【收尾】
白飯——2碗
鹽．胡椒——各少量

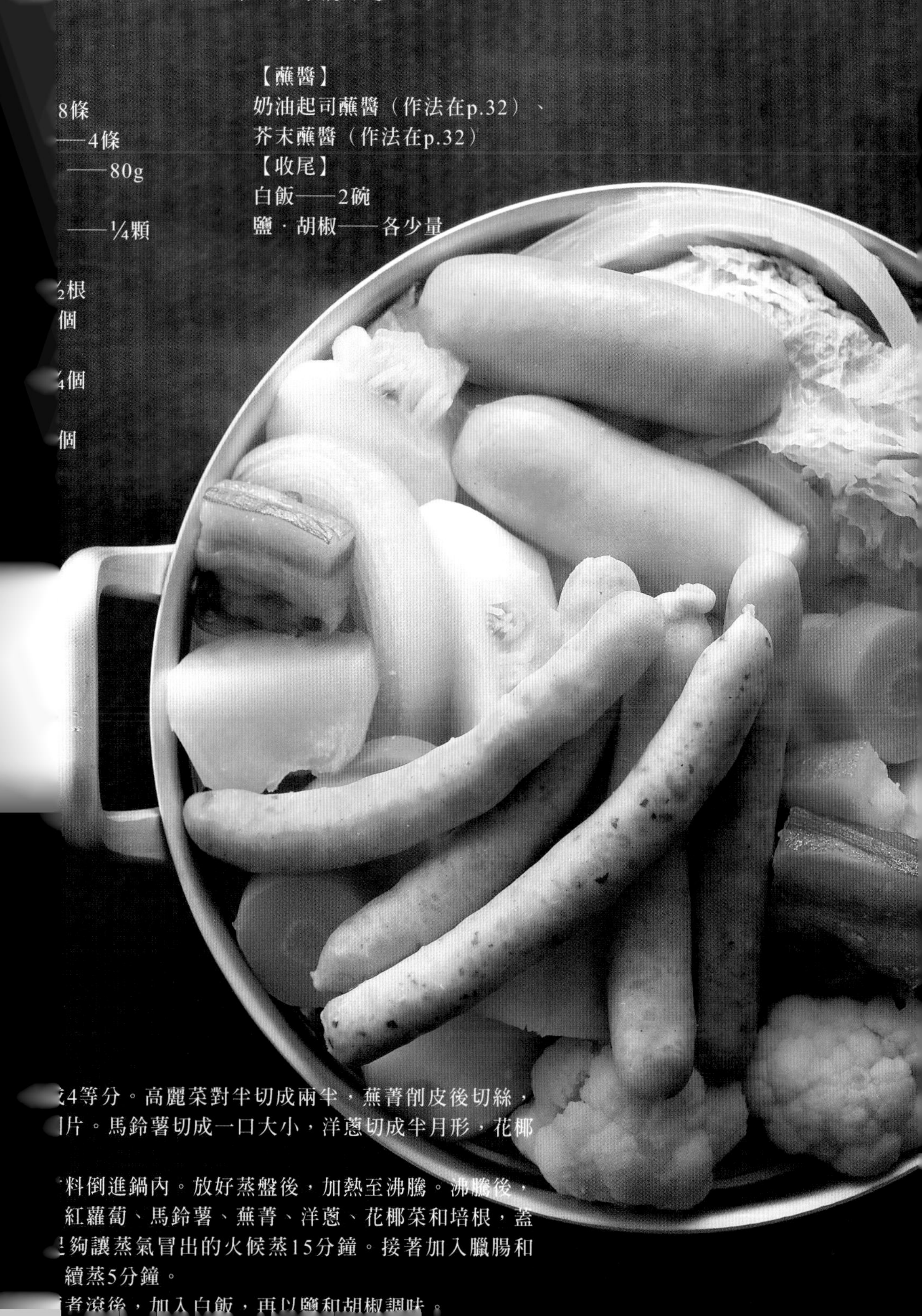

成4等分。高麗菜對半切成兩半，蕪菁削皮後切絲，
片。馬鈴薯切成一口大小，洋蔥切成半月形，花椰

料倒進鍋內。放好蒸盤後，加熱至沸騰。沸騰後，
紅蘿蔔、馬鈴薯、蕪菁、洋蔥、花椰菜和培根，蓋
能夠讓蒸氣冒出的火候蒸15分鐘。接著加入臘腸和
續蒸5分鐘。
煮滾後，加入白飯，再以鹽和胡椒調味。

蒲燒鰻魚佐夏季蔬菜

即使用的只是市售的蒲燒鰻魚，蒸過以後，肉質也會變得更加鮮嫩。
想在慵懶的夏日裡增添點活力時，這道鍋品無疑是最佳選擇。

材料（4人分）
蒲燒鰻魚（市售品）——2片
米酒——2小匙
高麗菜——4片
韭菜——1把
茄子——2個
南瓜——200g
長蔥——1支
秋葵——8支
【湯頭】
中華高湯粉——½小匙
水——3杯
米酒——3大匙
長蔥（蔥綠）——1支
薑片——薄片4片
【蘸醬】
薑汁酸橘醋（作法在p.24）、
山椒鹽（作法在p.26）
【收尾】
麵線——3把

作法

❶把鰻魚切成3cm寬，用酒醃起來。
❷把高麗菜切成大塊，韭菜切成4cm長；茄子切成圓片後，浸泡在水裡。南瓜切成¼ 圓形的薄片，長蔥斜切成段；秋葵切掉蒂頭後，用鹽水搓洗乾淨。
❸把湯頭的材料放進鍋內。放好蒸盤後，加熱至沸騰。接著放入高麗菜、茄子、南瓜和長蔥，蓋上鍋蓋，以足夠讓蒸氣冒出的火候蒸10分鐘。加入鰻魚、韭菜、秋葵，續蒸5分鐘。
【收尾】用沸水將麵線略爲清洗。撈出湯內的長蔥和薑片，放入麵線煮一下即可。

壓軸好料
以夏季蔬菜為主角的鍋品，當然要搭配夏天常吃的麵線。喜歡的話，也可以加點辣椒片和長蔥等佐料。

鍋／花田

手工酸橘醋

【材料】醬油1杯　味醂2大匙　米酒2大匙
昆布5cm塊　柴魚片1袋（4g）
酸橘榨汁½杯　柚子榨汁1顆份　醋3大匙
【作法】把醬油、味醂、酒和昆布倒進鍋內，煮滾後，加入柴魚片再次煮到沸騰。濾掉雜質後，加入酸橘、柚子榨汁和醋，攪拌均勻。
＊以冷藏保存可存放4個星期。

梅汁酸橘醋

【材料】梅干1個　味醂½大匙
手工酸橘醋½杯
【作法】把剁細的梅干溶於味醂，再倒進酸橘醋攪拌均勻。

薑汁酸橘醋

【材料】薑泥½大匙
手工酸橘醋½杯
【作法】把薑泥和酸橘醋混合，攪拌均勻即可。

中華口味酸橘醋

【材料】醬油½杯　醋1大匙　黑醋½大匙
砂糖½小匙　麻油1小匙
長蔥（蔥花）1小匙　辣椒（切成圓片）½根分
【作法】混合所有的材料，攪拌均勻。

海苔酸橘醋

【材料】海苔¼片　手工酸橘醋½杯
炒過的芝麻1小匙
【作法】把撕碎的海苔倒進酸橘醋，讓海苔溶解其中。加入用手指擰碎的芝麻，攪拌均勻。

蕃茄酸橘醋

【材料】蕃茄1個　薄鹽醬油1大匙
醋1大匙　鹽¼小匙　黑胡椒少量
【作法】混合連皮磨成泥的蕃茄、薄鹽醬油、醋、鹽、黑胡椒，攪拌均勻。

柚子胡椒酸橘醋

【材料】柚子胡椒¼小匙　手工酸橘醋½杯
【作法】把材料混合在一起，攪拌均勻。

納豆酸橘醋

【材料】納豆1盒　手工酸橘醋½杯
【作法】混合剁成粗粒的納豆和酸橘醋，攪拌均勻。

咖哩鹽

【材料】咖哩粉$\frac{1}{6}$小匙
鹽2小匙
【作法】把材料倒在一起，攪拌均勻。

鹽味蘸醬

【材料】水$\frac{1}{2}$杯　中華高湯粉$\frac{1}{2}$小匙　米酒2大匙　鹽1小匙
麻油1大匙　胡椒少量
【作法】把水、高湯粉、酒和鹽倒進鍋內煮沸，再加入麻油和胡椒拌勻。

山椒鹽

【材料】山椒粉$\frac{1}{8}$小匙
鹽2小匙
【作法】混合材料，攪拌均勻。

和風香味鹽

【材料】磨碎的芝麻1小匙
紫蘇拌飯料$\frac{1}{2}$小匙
青海苔粉$\frac{1}{4}$小匙
鹽2小匙
【作法】把材料倒在一起，攪拌均勻。

柚子鹽

【材料】柚子皮（切末）1小匙
鹽2小匙
【作法】把柚子皮的黃色部分削成末，和鹽攪拌均勻。

蔥花鹽味蘸醬

【材料】長蔥$\frac{1}{2}$支
薄切薑片2片
山椒粉少許　鹽$\frac{1}{2}$小匙
麻油1大匙
【作法】把長蔥和薑片切成末，混合其他材料攪拌均勻。

韭菜醬油

【材料】韭菜30g　醬油½杯
醋1大匙　砂糖½小匙　麻油1小匙
磨碎的芝麻2小匙　辣椒粉少量
【作法】把韭菜剁碎後，混入其他材料攪拌均勻。

梅子芥末蘸醬

【材料】梅干2個　味醂1大匙
薄鹽醬油1大匙　芥末膏½小匙
高湯2大匙　醋1大匙
【作法】把剁細的梅干混入其他材料，攪拌均勻。

辣椒醋醬油

【材料】辣椒醬1小匙　醋1大匙
醬油4大匙
【作法】把辣椒醬溶解於醋裡，再加入醬油攪拌均勻。

白蘿蔔泥酸橘醋

【材料】白蘿蔔泥1杯　辣椒½條
手工酸橘白醋½杯
【作法】把辣椒切成圓片，瀝乾蘿蔔泥的水分。再把兩者倒進酸橘醋裡拌勻。

味噌蘸醬

【材料】味噌6大匙
醬油1大匙半　砂糖1大匙半
米酒1大匙半　高湯3大匙
醋2小匙
【作法】把所有的材料倒進鍋內攪拌均勻後，加熱至濃稠狀即可。

絞肉味噌

【材料】雞絞肉100g
麻油2小匙　薑汁½小匙
味噌100g　米酒3大匙
砂糖2大匙　醬油2大匙
【作法】把麻油倒進平底鍋熱過，放入雞絞肉炒至鬆軟，再倒入薑汁，攪拌均勻。接著加入剩下的所有材料，攪拌至融爲一體。

豆漿味噌蘸醬

【材料】味噌3大匙
豆漿（原味無糖）¾杯
磨碎的芝麻½大匙
【作法】把味噌加入豆漿，邊加邊攪拌。接著倒入芝麻，攪拌均勻。

柚子味噌

【材料】味噌蘸醬的基本份量
柚子皮（磨成泥）少量
柚子榨汁1大匙
【作法】把柚子皮和榨汁倒進基本份量的味噌蘸醬，攪拌均勻即可。

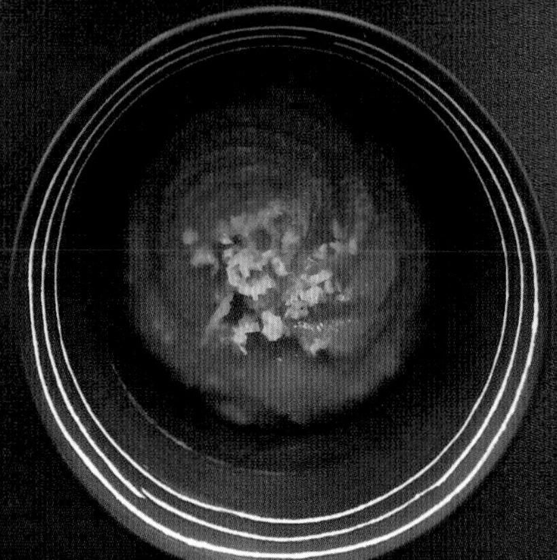

南洋風花生蘸醬

【材料】花生醬4大匙
醬油3大匙　醋1大匙
魚露1大匙　砂糖1大匙
辣椒（切圓片）1根
香菜梗（切末）1根
【作法】把調味料加進花生醬，攪拌至合而為一。接著加入辣椒和香菜拌勻。

檸檬醬油

【材料】檸檬榨汁¼杯
檸檬皮（切末）少量
薄鹽醬油½杯　味醂2大匙
【作法】以微波爐（600W）加熱味醂10秒鐘，使酒精蒸發。和醬油、檸檬汁混合，再混入檸檬皮攪拌均勻。

南洋風蘸醬

【材料】魚露2大匙
檸檬榨汁4大匙　砂糖1大匙
麻油1大匙
大蒜（切末）¼瓣
水2大匙
辣椒1條　香菜梗1支
【作法】把辣椒切成圓片，剁碎香菜梗。混入其他材料拌勻。

蒜味醬油

【材料】大蒜1瓣
麻油2小匙
醬油½杯
醋1大匙　砂糖½小匙
【作法】把麻油倒進平底鍋熱過，爆香切成末的大蒜。加入醬油、醋、砂糖攪拌均勻。

洋蔥調味醬

【材料】醋3大匙　法國芥末醬½小匙
洋蔥（磨成泥）1大匙　橄欖油½杯
鹽½小匙　胡椒
【作法】把法國芥末醬溶於醋，再和其他材料混合。

香草鹽

【材料】鹽1大匙　荷蘭芹碎屑½小匙
奧勒岡½小匙　百里香少量　羅勒¼小匙
黑胡椒少量　辣椒粉少量　檸檬皮（磨成泥）少量
＊上述香草類請使用乾燥後的粉末。
【作法】混合所有的材料即可。

油蒜美乃滋

【材料】美乃滋½杯　橄欖油1大匙
大蒜（磨成泥）½瓣
鹽．胡椒各少量　鮮奶油1大匙
【作法】混合所有的材料即可。

鯷魚美乃滋

【材料】美乃滋½杯
橄欖油2大匙　鯷魚2片
大蒜少量　鹽．胡椒各少量
【作法】把剁細的鯷魚末和蒜末混入其他材料拌勻。

美乃滋咖哩酸橘醋

【材料】美乃滋½杯　手工酸橘醋3大匙
咖哩粉½小匙　洋蔥（磨成泥）1小匙
【作法】混合所有的材料即可。

韓式辣醬味噌

【材料】味噌100g
韓式辣醬1大匙
砂糖½大匙　麻油2小匙
辣椒粉少量
大蒜（切成末）少許
【作法】混合所有的材料即可。

芝麻蘸醬

【材料】芝麻醬3大匙
砂糖1大匙　醬油5大匙
醋1大匙　麻油½大匙
【作法】把砂糖加入芝麻醬拌匀，再分次倒入醬油攪拌均匀。接著加入醋、麻油攪拌均匀。

中華芝麻蘸醬

【材料】芝麻醬3大匙
砂糖1大匙
醬油4大匙　醋1大匙
麻油1大匙
豆瓣醬¼小匙
大蒜（切末）½瓣
長蔥（蔥花）1大匙
薑（切末）½小匙
山椒粉少許
【作法】方法和芝麻蘸醬相同，只要把其他材料混入芝麻醬拌匀即可。

烤肉醬

【材料】蕃茄醬½杯　蠔油3大匙
醬油1大匙　洋蔥（磨成泥）3大匙
大蒜（磨成泥）¼小匙
橄欖油½大匙　辣椒醬¼小匙
【作法】把材料放進鍋內攪拌。
加熱時持續攪拌，直到沸騰。

芥末醬

【材料】芥末粒3大匙
醬油3大匙　橄欖油½大匙
【作法】混合所有的材料即可。

千島醬

【材料】美乃滋½杯
蕃茄醬2大匙　醬油1大匙
【作法】將所有的材料混合，
攪拌均勻即可。

奶油起司醬

【材料】牛奶1杯　奶油2大匙　麵粉1大匙
披薩用起司50g　鹽．胡椒各少量
【作法】熱鍋融化奶油，放入麵粉以小火拌炒，
小心不要燒焦。炒的時候加點牛奶以增加稠度，
直到沸騰。接著放入起司，融化後，加點鹽和胡

猶豫該選什麼當作最後的Ending，是一種奢侈的煩惱。凝縮了美味菁華的飯麵粥類，能把肚子填得飽飽的，充滿誘人的魅力。

年糕

年糕要先烤過。除了常見的日本年糕，也很推薦條狀的韓國年糕。相較於用糯米製成的日本年糕，韓國年糕是粳米做的，優點是不容易煮到糊掉。

白飯

當作最後壓軸的話，把飯煮得硬一點比較好吃。熱飯可以直接放進鍋裡；冷掉的飯，先迅速水洗過再下鍋。如果用的是冷凍過的飯，記得一定要先解凍再放。除了稀飯或鹹粥，料理成湯泡飯也是很棒的選擇。

烏龍麵、蕎麥麵、麵線

如果選擇烏龍麵和蕎麥麵，購買熟麵條包比較方便。因爲調理起來很容易，只要把麵條盛放在竹簍等容器，淋上熱水後，再用筷子撥開來就可以下鍋了。不先用熱水燙過直接下鍋也行，但如果能事先沖掉麵條上的黏液，並把麵條撥開，可以縮短下鍋調理的時間。選擇乾的麵線、烏龍麵或蕎麥麵時，先以大量的滾水把麵條汆燙至稍硬的口感。迅速用水沖洗過後，再充分瀝乾水氣。

拉麵

最方便的選擇是生拉麵。煮沸一大鍋水，下鍋前先用手把麵條鬆開。下鍋後，以筷子不時攪拌。煮好後，一定要徹底瀝乾水分。

北非小米（Couscous）

北非小米可直接放進湯裡。

義大利麵（天使細麵、短麵）

不必先汆燙就可下鍋的天使細麵，是最後壓軸少不了的重要角色。短麵和粗一點的長麵條，必須先用加了鹽巴的大量滾水煮熟再用。如果剩下的湯頭不多，改以醬汁裹住麵條的方式享用也不錯。

米粉、河粉

請按照包裝的指示把米粉泡開。河粉迅速汆燙後再放入鍋內。搭配南洋風味和中華口味的鍋類時，這兩樣無異是最佳選擇。

【第二章】

蒸籠變蒸鍋

用蒸籠蒸製而成的料理，美味自不在話下，而且還帶來充滿震撼力的視覺效果。
說也奇怪，光是看它現身在餐桌，就是一幅特殊的光景。
讓食材隱約地吸附了蒸籠的香味，也是趣味所在。
看著裊裊上升的蒸氣，再等一下料理就蒸好囉。

香菇燒賣&中華蔬菜

填塞了餡料的香菇，搭配當作蓋子的燒賣皮。可說極富巧思。
佐以時令的冬季蔬菜，讓人一飽大自然的恩賜。

材料（4人分）

香菇——8小朵

A
- 豬絞肉——200g
- 長蔥（蔥花）——2大匙
- 薑汁——½小匙
- 醬油——1小匙
- 米酒——1小匙
- 鹽．胡椒——各少量
- 麻油——½小匙

燒賣皮——8片
白菜——4片
長蔥——1支
豆苗——1盒
塌菜——1大株

【湯頭】
中華高湯粉——1小匙
米酒——2大匙
水——3杯

【蘸醬】
辣椒醋醬油（作法在p.27）
＊也可以改把辣椒和醬油混在一起。

【收尾】
生拉麵——2球
鹽．醬油——各少量

作法

❶切掉香菇梗。
❷把A放進碗裡，攪拌至出現黏性。
❸把②分成8等分，填塞進香菇①的菌傘內，再用燒賣皮緊緊壓住。
❹把白菜切成片狀，長蔥切成斜段。拔掉豆苗的根部；摘取塌菜的菜葉，再把菜梗切成4cm長。
❺把湯頭的材料倒進鍋內，加熱煮到滾。把盛裝了白菜、長蔥、③的蒸籠放進鍋內，蓋上鍋蓋。以足夠讓蒸氣冒出的火候蒸15分鐘。接著放入塌菜、豆苗，再蒸一下。
【收尾】把生拉麵汆燙至口感稍硬。在湯裡加入適量鹽、醬油，把拉麵放進去稍煮一下。

雞翅膀&綠色蔬菜

以蒸籠蒸過的雞翅膀，竟是出乎意料的軟嫩多汁。
把集湯頭之精華為一身的擔擔麵當作最後Ending，每一口都是大大的滿足。

材料（4人分）

雞翅膀——8支
青江菜——2支
小松菜——½把
蔥——½把
綠花椰——½個
麻油——1大匙
【湯頭】
中華高湯粉——1小匙
米酒—3大匙
水——3杯
【蘸醬】
中華芝麻蘸醬（作法在p.31）
【收尾】
生拉麵——2球
A
- 豆瓣醬——1匙
- 醬油——2大匙半
- 芝麻醬——2大匙
- 麻油——½大匙

長蔥（細塊末）——4cm

作法

❶把雞翅膀清洗乾淨。
❷摘掉菜葉後，把青江菜的菜梗切成段；小松菜切成4cm長，蔥切成斜段。把綠花椰分成小朵。上述蔬菜先裹上麻油。
❸把湯頭的材料倒進鍋內。把雞翅膀放進蒸籠，再放入鍋內，用可以讓蒸氣冒出的火候蒸20分鐘。接著加進蔬菜，續蒸1～2分鐘。
【收尾】把生拉麵煮得稍微硬一點。鍋內的湯如果蒸發了，加點熱水補足，再倒入A煮到溶解。放入拉麵稍微煮一下，最後撒上長蔥末。

壓軸好料
沒想到最後的壓軸竟然是擔擔麵，真是太棒了！如果湯不夠，先補足熱水，再加調味料。雖然沒有湯汁，擔擔麵還是很吸引人啊。

白菜蒸豬五花肉片

白菜平常總是充當火鍋的最佳綠葉，這次終於有機會挑大樑了。
像花瓣般整齊地排在鍋裡，看起來賞心悅目。

材料（4人分）
白菜——½個
豬五花薄片——300g
薑——1塊
【湯頭】
中華高湯粉——½小匙
米酒——3大匙
水——3杯
【蘸醬】
蔥花鹽味蘸醬（作法在p.26）
【收尾】
白飯——2碗
鹽（喜歡的話）——少量

作法

❶配合蒸籠的高度把白菜切成適合的長度，豬肉切成5cm長，薑切成細絲。

❷以繞圈的方式把白菜豎立在蒸籠裡，再把豬肉片塞入其中。薑絲則隨意灑在上面。

❸把湯頭的材料倒進鍋內，煮至沸騰。把鋪好食材的蒸籠放進鍋內，蓋上鍋蓋。以足夠讓蒸氣冒出的火候蒸10～15分鐘。

【收尾】湯汁如果蒸發了，先補些熱水。再放入白飯，加入適量的鹽煮開。或者把湯淋在溫熱的白飯，加點蔥花鹽味蘸醬，做成湯泡飯。

鯛魚蕪菁鍋

鯛魚搭配蕪菁，是日本春季必嚐的當季美食。
除了常見的酸橘醋，搭配香味高雅的柚子味噌也相當對味。

材料（4人分）

鯛魚——中型1尾
米酒（鯛魚用）——2小匙
鹽（鯛魚用）——½小匙
蕪菁——4顆
香菇——4朵
水菜——1袋
【湯頭】
高湯——3杯
米酒——2大匙
【蘸醬】
手工酸橘醋（作法在p.24）、
柚子味噌（作法在p.28）
【收尾】
年糕——4塊
鹽・醬油——各少量

作法

❶去除鯛魚的魚鱗和內臟，仔細清洗乾淨後，將水分拭乾。在表面劃下切痕，用米酒和鹽醃10分鐘。
❷蕪菁削皮後切成兩半；香菇切掉底部分，切成兩半，水菜切成4cm長。
❸把湯頭的材料倒進鍋內，煮至沸騰。把放進蒸籠的蕪菁、香菇、鯛魚放入鍋內，蓋上鍋蓋。以足夠冒出蒸氣的火候蒸20～25分鐘。蒸好後，加入水菜，再蒸一下。
【收尾】
把年糕烤熟。在湯裡加點鹽和醬油調味，放入年糕稍微煮一下。

螃蟹白蘿蔔白菜鍋

多汁甜美的蟹肉是冬季絕不可錯過的當令美食。
選擇檸檬醬油當作蘸醬，滋味清爽鮮美。

材料（4人分）
螃蟹（帶殼）——400g
白蘿蔔——400g
白菜——4片
長蔥——1支
水菜——1袋
【湯頭】
高湯——3杯
米酒——2大匙
【蘸醬】
檸檬醬油（作法在p.29）
【收尾】
白飯——2碗
蛋——2個
鹽——少量

作法
❶把螃蟹切成容易食用的大小。把白蘿蔔切成片狀，長蔥斜切成段，水菜切成3cm長。
❷把湯頭的材料倒進鍋內，加熱至沸騰。把盛了白菜、白蘿蔔、長蔥和螃蟹的蒸籠放入鍋內，蓋上鍋蓋。用足以讓蒸氣冒出的火候蒸10分鐘。蒸好後，放入水菜，再蒸一下。
【收尾】
加入白飯，撒入適量的鹽煮到滾。最後以繞圈的方式加入打散的蛋，攪拌均勻。

鱈魚蔬菜豆腐鍋

味道圓潤鮮美的鱈魚搭配各種冬季的節令蔬菜。
酸橘醋一定要親自動手做！美味的程度立判高下。

材料（4人分）
生鱈魚——4片
鹽（鱈魚用）——¼小匙
米酒（鱈魚用）——2小匙
白菜——6片
長蔥——1支
香菇——4朵
豆腐——1塊
山茼蒿——1袋
【湯頭】
昆布——5cm×10cm
水——3杯
米酒——3大匙

鍋／花田

【蘸醬】
手工酸橘醋（作法在p.24）
【收尾】
白飯——2碗

作法

❶把鱈魚切成一口大小，用鹽和酒醃起來。
❷把白菜切成片狀，長蔥切成2cm長；香菇去掉底部後，對半切成兩半。豆腐切成兩半後，切成1.5cm厚。摘取山茼蒿的菜葉備用。
❸把湯頭的材料倒進鍋內，加熱至沸騰。沸騰後，撈出昆布。把裝了白菜、長蔥、鱈魚、香菇、豆腐的蒸籠放進鍋內，蓋上鍋蓋。以足夠讓蒸氣冒出的火候蒸15分鐘。蒸好後加入山茼蒿，再蒸一下。
【收尾】等鍋裡的湯煮滾，放入白飯煮開。

橢圓盤／花田

鮭魚&根莖類蔬菜石狩鍋

鮭魚、馬鈴薯、洋蔥…。這些都是石狩鍋的黃金組合。
有了豆漿的加持，讓味噌蘸醬的味道變得更加溫醇順口。

材料（4人分）

生鮭魚——4片
鹽（鮭魚用）——¼小匙
米酒（鮭魚用）——2小匙
紅蘿蔔——½條
馬鈴薯——2個
白蘿蔔——300g
洋蔥——1個
山茼蒿——1袋
【湯頭】
高湯——3杯
【蘸醬】
豆漿味噌蘸醬（作法在p.28）
【收尾】
生拉麵——2球

作法

❶把鮭魚切成一口大小，用鹽和米酒醃起來。
❷把紅蘿蔔和馬鈴薯切成薄薄的圓片，馬鈴薯切片後泡水。白蘿蔔切成較薄的半月形，洋蔥切成1cm厚的半月形。摘下山茼蒿的菜葉備用。
❸把高湯倒進鍋內，煮到沸騰。把裝進馬鈴薯、紅蘿蔔、白蘿蔔、洋蔥和鮭魚的蒸籠放進鍋內，蓋上鍋蓋。以足夠讓蒸氣冒出的火候蒸15分鐘。蒸好後放入山茼蒿，再蒸一下。
【收尾】把麵條煮至口感稍硬的程度。如果湯頭蒸發了，先加點熱水，再把麵條放進去煮一下。

大功告成

掀開鍋蓋的那一瞬間所得到的感動，值得細細品味。把食材放進鍋內時，也請儘可能排得漂亮一點，否則就可惜了豐富的配色。身為主角的鮭魚要放在顯眼的位置，以突顯出它的存在感。

【第三章】

用專用蒸鍋蒸美味

不論是兩段式的不鏽鋼蒸盤，
還是搭配陶製蒸盤的砂鍋，
專用蒸器的威力果然不能小覷。
使用方便，鍋蓋的密合度也無可挑剔。
因為料理出來的成品實在太過美味，
所以喜歡「蒸鍋」魅力的人不在少數，
恨不得能常常來一鍋呢。

蒸餃鍋

除了煎或水煮，蒸也是餃子的料理方式之一。
品嚐香Q有彈性的餃子時，別忘了搭配最對味的韭菜。

材料（4人分）

豬絞肉——200g

A
- 薑汁——½小匙
- 米酒——1小匙
- 醬油——1小匙
- 麻油——2小匙
- 鹽·胡椒——各少量

白菜——3片

鹽（白菜用）——⅕小匙

韭菜（餃子用）——30g

香菇——1大朵

長蔥（蔥花）——3大匙

餃子皮——20大張

高麗菜——6片

韭菜——70g

韭黃——2把

【湯頭】

中華高湯粉——1小匙

米酒——2大匙

水——3杯

＊如果鍋子較大，再多加點水。

【蘸醬】

蒜味醬油（作法在p.29）

【收尾】

米粉——200g

作法

❶把白菜剁成末後，加入鹽巴攪拌使其軟化出水，再把水氣瀝乾。剁碎30g的韭菜；切掉香菇的底部後，切成細末。

❷把絞肉和A放進碗內和勻，再加進長蔥、①的白菜、韭菜、香菇攪拌。

❸把餃子皮的邊緣沾水，再包入分爲20等分的②。邊包邊捏出縐摺。

❹撕碎高麗菜。把韭菜和韭黃切成4cm長。

❺把湯頭的材料倒進鍋內，加熱至沸騰。把高麗菜鋪在蒸盤或蒸器，排上③的餃子後，蓋上鍋蓋。以足夠讓蒸氣冒出的火候蒸15分鐘。蒸好後加入韭菜和韭黃，再稍微蒸一下。

【收尾】按照包裝的指示，把米粉泡開。如果湯量不夠，把份量補到和原來一樣，再放入米粉稍微煮一下。

金目鯛佐長蔥

用高湯蒸好的金目鯛，肉質結實飽滿，充滿誘人的光澤。
清甜的油脂，是喜歡吃魚的人無法抗拒的絕妙滋味。

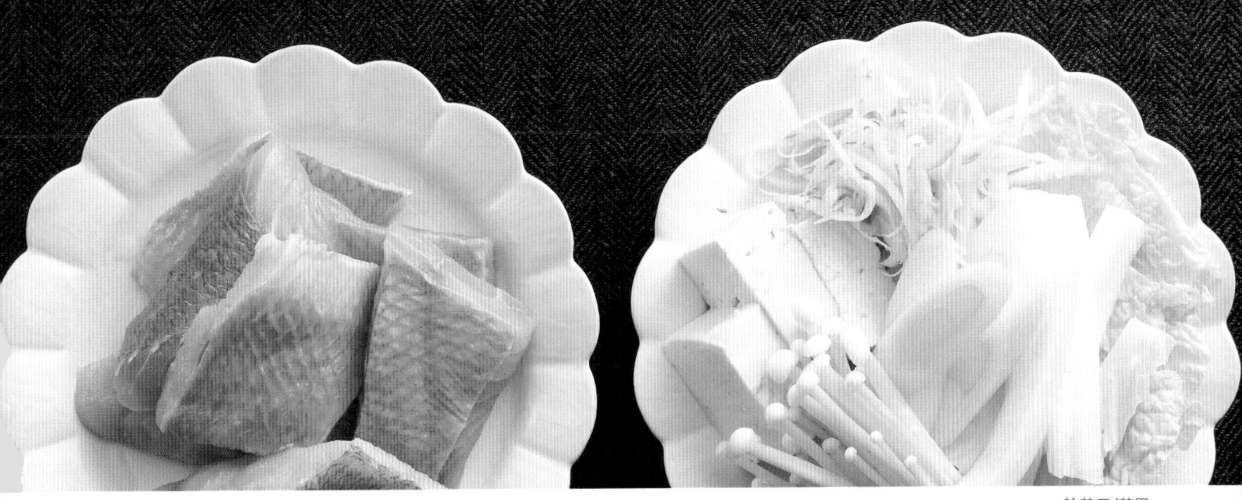

輪花皿/花田

材料（4人分）
金目鯛——4塊
鹽（金目鯛用）——¼小匙
米酒（金目鯛用）1小匙
長蔥——2支
白菜——4片
牛蒡——½條
金針菇—1袋
豆腐（木棉）——½塊
【湯頭】
高湯——3杯
米酒——¼杯
【蘸醬】
白蘿蔔泥酸橘醋
（作法在p.27）
【收尾】
熟蕎麥麵——2袋

作法

❶把金目鯛切成一口大小，用鹽和酒醃漬。
❷把長蔥切成斜段，白菜切成片狀。牛蒡刨絲後泡水。切掉金針菇的根部，把豆腐切成4等分。
❸把材料倒進鍋內，煮到滾。把裝了②的蔬菜、豆腐、①的金目鯛的蒸器或蒸盤放進鍋內，蓋上鍋蓋。以足夠讓蒸氣冒出的火候蒸15分鐘。
【收尾】用熱水淋在蕎麥麵，使麵條散開。再放進鍋裡稍微煮一下即可。

壓軸好料
蕎麥麵也可換成乾麵條。但需先將乾麵條燙熟後，再放入蒸鍋的湯汁內稍煮一下即可。

蒸豆腐

蒸過以後，木棉豆腐飽吸了昆布的美味精華。
以2種蘸醬搭配簡單的食材，吃起來格外享受。

材料（4人分）
豆腐（木棉）——2塊
長蔥——2支
金針菇——1大袋
山茼蒿——1袋
昆布——5cm×10cm
【湯頭】
高湯——3杯
米酒——2大匙
【蘸醬】
絞肉味噌（作法在p.28）、
手工酸橘醋（作法在p.24）
【收尾】
熟烏龍麵——2球

作法

❶把每塊豆腐切成4塊，長蔥切成斜段；金針菇切除底部後，對半切成兩半。摘取山茼蒿的菜葉，備用。

❷把湯頭的材料倒進鍋內，加熱至沸騰。把略微用水清洗過的昆布鋪在蒸盤或蒸器，放上豆腐、長蔥、金針菇後，放進鍋內，蓋上鍋蓋。以足夠讓蒸氣冒出的火候蒸7～8分鐘。蒸好後加入山茼蒿，再蒸一下。

【收尾】用熱水淋在烏龍麵，使麵條散開。再放進鍋裡稍微煮一下即可。

牡蠣昆布蒸

蒸過以後，會有牡蠣好像大了一號的感覺。
請趁熱享用彈性十足、多汁的牡蠣吧。

材料（4人分）
牡蠣（已處理）——300g
米酒（牡蠣用）——2小匙
白菜——4片
長蔥——2支
白蘿蔔——200g
芹菜——1把
舞茸——1盒
昆布——5cm×10cm2片
【湯頭】
高湯——3杯
【蘸醬】
柚子胡椒酸橘醋（作法在p.25）、
味噌蘸醬（作法在p.28）
【收尾】
白飯——2碗
鹽．醬油——各少量

作法
❶把牡蠣清洗乾淨後，瀝乾水分。用酒醃起來。
❷把白菜切成片狀，長蔥切成斜段，白蘿蔔切成粗絲，芹菜切成3cm長。舞茸分成小束。
❸把湯頭的材料倒進鍋內，加熱至沸騰。把略爲清洗過的昆布鋪在蒸盤或蒸器，再放上芹菜以外的全部食材後，放進鍋內，蓋上鍋蓋。以足夠讓蒸氣冒出的火候蒸15分鐘。蒸好後加入芹菜，再蒸一會。
【收尾】等湯頭煮滾，放入白飯，再以鹽和醬油調味。

蒸涮涮鍋

涮涮鍋的主角理應是肉類，不過以蒸鍋料理的話，
蔬菜的份量也毫不遜色。
記得配合季節，選擇當令的美味蔬菜喔。

材料（4人分）
涮涮鍋用牛肉片——400g
長蔥——2支
水菜——1袋
紅蘿蔔——1條
白菜——4片
鴻喜菇——1盒
【湯頭】
高湯——3杯
米酒——¼杯
薑片（薄片）——1塊
【蘸醬】
中華芝麻蘸醬（作法在p.31）
【收尾】
生拉麵——2球

作法

❶把牛肉片切成容易食用的大小，長蔥斜切成段，水菜切成4cm長。紅蘿蔔用削皮刀削成薄片，白菜切成粗絲；鴻喜菇切除底座後，分成小束。
❷把湯頭的材料倒進鍋內，煮到滾。把裝了所有食材的蒸器或蒸盤放進鍋內，蓋上鍋蓋。以足夠讓蒸氣冒出的火候蒸7～8分鐘。
【收尾】把拉麵煮得稍硬些，再放進湯裡煮一下。

長角皿／花田

材料（4人分）
鮭魚（生魚片）——300g
豆腐（木棉）——2塊
高麗菜——4片
長蔥——2支
豆芽菜——1袋
金針菇——1袋
芹菜——1把
【湯頭】
中華高湯粉——¼小匙
薑片（薄片）——1塊
米酒——¼杯
水——3杯
＊如果鍋子較大，再多加點水。
【蘸醬】
南洋風花生蘸醬（作法在p.29）
【收尾】
白飯——2碗
鹽．醬油——各少量

作法

❶把鮭魚片成薄片，豆腐切成1cm厚。把高麗菜切成大塊，長蔥切成斜段。拔掉豆芽菜的鬚根，切掉金針菇的底部，把芹菜切成4cm長。

❷把湯頭的材料倒進鍋內，煮到沸騰。把高麗菜鋪在蒸盤或蒸器，交錯排上鮭魚和豆腐，再放入長蔥、豆芽菜、金針菇。把蒸盤放進鍋內，蓋上鍋蓋。以足夠讓蒸氣冒出的火候蒸15分鐘。蒸好後加入芹菜，再蒸一下。

【收尾】把湯頭煮開後，放入白飯，以鹽和醬油調味。

鮭魚豆腐蒸

擺盤的時候只要多花點心思，即使是常見的食材，看起來也能耳目一新。
不論搭配南洋風蘸醬或和風蘸醬都很對味。

烏龍茶蒸雞肉&鮮蝦

淡淡的茶香，讓料理顯得更加迷人。
選擇富含中國情調的茶粥，為這餐劃下完美的句點。

材料（4人分）
雞腿肉——2片
鹽（雞肉用）——¼小匙
米酒（雞肉用）——1大匙
蝦子——4大尾
米酒（蝦子用）——1小匙
青江菜——2支
竹筍——1小個
長蔥——1支
豆芽菜——1袋
白色鴻喜菇——1袋
【湯頭】
烏龍茶葉——3大匙
熱水——3杯
米酒——2大匙
【蘸醬】
中華酸橘醋（作法在p.24）、
山椒鹽（作法在p.26）
【收尾】
白飯——2碗
鹽（喜歡的話）——少量

作法

❶把雞肉切成一口大小，用鹽和酒醃漬起來。
❷用剪刀剪開蝦子背部的殼，挑出腸泥，再用米酒醃起來。
❸拔掉青江菜的菜葉，把菜梗斜切成段；竹筍切成梳子形，長蔥斜切成段。拔掉豆芽菜的鬚根。切除白鴻喜菇的底部後，分成小束。
❹以紗布包住茶葉，再用細綿繩綁起來。
❺把湯頭的材料倒進鍋內，加熱至沸騰。把雞肉①裝進蒸籠或蒸盤，放進鍋內後，蓋上鍋蓋。以足夠讓蒸氣冒出的火候蒸10分鐘。蒸好後加入青江菜，再蒸一下。
【收尾】取出湯裡的烏龍茶包；如果湯蒸發了，再加點水。加入白飯，撒點鹽煮開。

壓軸好料

以烏龍茶煮出來的茶粥濃縮了食材的菁華，滋味鮮醇。浮在上面的浮沫記得要撈乾淨。煮好後，請趁熱享用。

【第四章】

先裹上香濃醬料的蒸煮鍋

先以醬料包覆食材，蒸煮出來的滋味格外濃郁。
從食材釋出的甜美汁液，最後和醬料融為一體。
各種鍋具都可以運用，
例如北非無水烹飪鍋、
壽喜燒專用的鐵鍋、平底鍋等。
就算只留下少許湯頭，
也請不要放棄最後的收尾壓軸。

咖哩蒸煮鍋

加點優格或椰汁粉，可以增添咖哩的風味。
食材切得大塊一點，吃起來也更過癮。

材料（4人分）

雞腿肉——2片

A
- 鹽——½小匙
- 胡椒——少量
- 咖哩粉——½小匙

馬鈴薯——2個
洋蔥——1個
紅蘿蔔——⅓條
青椒——4個
花椰菜——½個
大蒜．薑——各1塊
沙拉油——1大匙

B
- 咖哩粉——1大匙
- 蕃茄醬——1大匙
- 原味優格——½杯
- 小茴香粉．香菜粉——各¼小匙
- 印度綜合香料（Garam Masala）——1小匙
- 丁香——2支
- 月桂葉——1片
- 椰漿粉——1大匙
- 鹽——約1小匙

作法

❶把雞肉切成一口大小，和A攪拌均勻。
❷把馬鈴薯和洋蔥切成梳子形，紅蘿蔔隨意切成大塊。青椒對半縱切開來，去籽；花椰菜分切成小朵。
❸把大蒜和薑切成末。
❹以鍋子熱好沙拉油，放入蒜末和薑末爆香，再加進雞肉①和蔬菜②攪拌。接著加入B拌勻，蓋上鍋蓋。以大火煮到滾後，轉爲小火蒸煮20分鐘左右。

法式馬賽魚湯蒸煮鍋

看似濃郁，品嚐起來卻是爽口鮮美的一道鍋品。
大手筆地加入番紅花，除了讓料理顯得更加誘人，也有促進食慾的效果喔。

材料（4人分）

生鱈魚——3片
鹽・胡椒（鱈魚用）——少量
蝦子——8尾
花枝——2隻
蛤蠣——8顆
馬鈴薯——2個
西洋芹——1支
紅椒——1個
洋蔥——¼個
大蒜——1瓣
橄欖油——2大匙

A
- 番紅花——2撮
- 熱水（番紅花用）½杯
- 白酒——3大匙
- 蕃茄泥——2大匙
- 月桂葉——1片
- 百里香——少量
- 鹽——½小匙
- 胡椒——少量

作法

❶把番紅花浸泡在熱水裡，使顏色釋放出來。
❷把鱈魚切成一口大小，用鹽和胡椒醃起來。剪開蝦殼，挑出腸泥。剝下花枝的皮，把身體切成圓片，腳切成容易食用的大小。把蛤蠣的外殼清洗乾淨。
❸把馬鈴薯切成圓片；西洋芹去筋後，和甜椒同樣任意切成塊。
❹把洋蔥和大蒜切成末。
❺在鍋裡倒進橄欖油，放入④的洋蔥和大蒜，爆香。炒出香味後，加入蔬菜③和魚貝類②拌炒。接著放進A攪拌均勻，蓋上鍋蓋。以大火加熱，沸騰後轉小火續蒸15分鐘。

湯頭的製作

洋蔥和大蒜以小火慢炒以後，能讓湯頭變得更加美味，增添味道的層次。必須注意的是，如果在橄欖油還很燙的時候放入洋蔥和大蒜，兩者在釋放出美味前就已經燒焦了。

蕃茄蒸煮鍋

這道鍋品除了新鮮的蕃茄，也加了蕃茄果泥和蕃茄乾。
在蕃茄的提引下，口味平淡的肉類和蔬菜也變得豐富鮮明。

材料（4人分）

棒棒腿——8隻

A
- 鹽——¼小匙
- 胡椒——少量

馬鈴薯——2個

洋蔥——1個

杏鮑菇——1盒

大蒜——1瓣

迷你蕃茄——8個

蕃茄乾——4個

B
- 蕃茄泥——½杯
- 白酒——1大匙
- 鹽——½小匙
- 胡椒——少量

作法

❶用A醃漬棒棒腿。

❷把馬鈴薯和洋蔥切成梳子形；杏鮑菇的梗切成圓片，菌傘的部分切成4等分。大蒜切末，迷你蕃茄去蒂。

❸用溫水浸泡蕃茄乾約5分鐘，軟化後切成碎塊。

❹把棒棒腿①、蔬菜②、蕃茄乾③倒進鍋內，加入B攪拌均勻。淋上橄欖油，放上羅勒葉，再蓋上鍋蓋。以大火加熱，沸騰

義式鯷魚熱蘸醬蒸煮鍋

一般當作蘸醬的鯷魚醬，其實也可以當作調味料使用。
義式料理也難不倒蒸鍋，喜歡重口味的人，不妨試試。

材料（4人分）
高麗菜——4片
蕪菁——2個
馬鈴薯——1大個
紅椒——1個
蓮藕——½節
綠花椰——½個
水——¼杯
鯷魚片——4片
大蒜——2瓣
橄欖油——4大匙
鹽——⅕小匙

作法

❶用保鮮膜包住連皮的大蒜，放進微波爐（600W）加熱1分鐘。剝掉皮，搗碎。
❷把剁碎的鯷魚混入大蒜、橄欖油、鹽、胡椒，攪拌均勻。
❸把高麗菜切成大塊，蕪菁切成梳子形。馬鈴薯切成長條狀後，泡水。把紅椒切成粗絲，蓮藕切成半月形。綠花椰分成小朵。
❹把高麗菜、蕪菁、馬鈴薯、蓮藕、水倒進鍋內，蓋上鍋蓋。以大火加熱，沸騰後轉小火，再蒸煮10分鐘。接著放入紅椒、綠花椰、醬汁②攪拌均勻，續蒸3～4分鐘。

摩洛哥式蒸煮鍋

匯集了多種特殊的素材和香料，讓料理瀰漫著一股異國風情。
剩下的湯頭，搭配北非小米可說再適合不過了。

材料（4人分）
羊小排——8支
鹽（羊排用）——½小匙
胡椒（羊排用）——少量
茄子——2個
櫛瓜——1條
黃椒——1個
西洋芹——1支
洋蔥——1個
蕃茄——1個
秋葵——4支
大蒜——1瓣
月桂葉——1片
小茴香粉——⅕小匙
A
蕃茄泥——½杯
辣椒——2支
雞湯塊——1塊
咖哩粉——⅕小匙
橄欖油——2大匙
水——⅓杯
鹽——1小匙
【收尾】
北非小米——150g
鹽．胡椒——各少量
水（補足湯量）——1杯半
橄欖油——1大匙

作法

❶用鹽和胡椒醃漬羊小排。
❷茄子縱向間隔削皮，任意切成塊。櫛瓜和甜椒也任意切成大塊；西洋芹去筋後，隨意切成塊。把洋蔥和蕃茄切成梳子形。秋葵去蒂後，用鹽搓洗乾淨。把大蒜切成兩半。
❸把羊排①、蔬菜②、月桂葉、小茴香粉和A倒進鍋內攪拌，蓋上鍋蓋。以大火加熱，沸騰後轉小火，再蒸煮20分鐘。
【收尾】如果剩下的湯汁不多，加入約1杯半的水補足，煮滾。放入北非小米，以鹽、胡椒和橄欖油調味。蓋上鍋蓋後關火，燜10分鐘左右。

壓軸好料

在湯裡加入北非小米當作壓軸，應該是很新鮮的體驗。因為是蒸煮鍋，所以剩下的湯汁比較少；不過，煮好的北非小米反而比較濃郁，這也是魅力之一吧。

四川辣味蒸煮鍋

調味料和花椒的味道強烈，屬於辣味較重的料理。
味道香醇甘美，餘韻悠長，讓人吃了還想再吃。

材料（4人分）

薄切豬肉——300g
長蔥——2支
蒜苗——1把
竹筍——1小個
白菜——4片
香菇——4朵
豆芽菜——1袋
青椒——4個
豆腐——1塊

A
醬油——4大匙
醋——1大匙
甜麵醬——1大匙半
豆瓣醬——1小匙
長蔥（蔥花）——¼支
大蒜（切末）——1瓣
薑（切末）——½塊
辣椒（切圓片）——½支
花椒——⅓小匙
麻油——2大匙
米酒・水——各2大匙

作法

❶把豬肉切成一口大小。
❷把長蔥切成斜段，蒜苗切成3cm長，竹筍切成梳子形，白菜切成稍大的片狀。香菇去掉底部後，切成兩半。摘掉豆芽菜的鬚根；把青椒對半縱切開來，去籽。
❸先把豆腐對半切成兩塊，再切成2cm寬。
❹把豬肉①、蔬菜②、A放進鍋內攪拌。加入豆腐後，蓋上鍋蓋。以大火加熱至沸騰後，轉小火繼續蒸煮20分鐘。

單手鍋／花田

韓式烤肉蒸煮鍋

韓式鍋的優點是能攝取到大量蔬菜。
湯頭飽含蔬菜釋出的自然甜味，滋味比想像中溫醇順口。

材料（4人分）

牛肉薄片——400g

A
- 醬油——½大匙
- 砂糖——¼大匙
- 麻油——1小匙

長蔥——2支
紅蘿蔔——½條
韭菜——2把
芹菜——1把
黃豆芽——1袋
杏鮑菇——1盒

B
- 長蔥（蔥花）——2大匙
- 大蒜（切末）——1瓣
- 醬油——4大匙
- 砂糖——1大匙
- 韓國辣醬——1大匙
- 辣椒粉——⅛小匙
- 磨碎的芝麻——2大匙
- 麻油——1大匙
- 米酒．水——各3大匙

炒芝麻——½小匙

作法

❶把牛肉切成一口大小，和A攪拌均勻。

❷把長蔥切成斜段，紅蘿蔔切成片狀，韭菜和芹菜切成4cm長。拔掉黃豆芽的鬚根。把杏鮑菇的梗切成圓片，菌傘切成薄片。

❸把牛肉①、芹菜以外的蔬菜②和B倒進鍋內攪拌均勻，蓋上鍋蓋。以大火加熱，沸騰後轉爲小火，再蒸5分鐘。蒸好後放入芹菜，再蒸一下子。最後撒上芝麻即可。

岩崎啓子　Iwasaki Keiko

料理研究家・營養師

在成為料理研究家前，曾經擔任料理專家的助理。活躍的範圍很廣，包括雜誌、書籍、料理教室等；特色是沒有日式・西式・中式・南洋料理等種類的限制，為大家提供做法簡單、美味，而且有益健康的家庭料理。以日式料理為基礎，清爽卻充滿層次的滋味，廣受好評，不分男女老幼。

著作包括「一個電鍋就搞定！快速Cooking」「豆腐大全」「寒天瘦身　美味食譜62」（日本河出書房新社）、「好吃又會瘦的食譜105」（日本永岡書店）、「令人注目！新蔬菜的便利吃法」（日本青春出版）；料理製作方面包括「飲食美人的食譜」（日本成美堂出版）、「掌握維生素&礦物質Book」（日本永岡書店）。近期著作有「冷凍保存節約食譜」（日本文藝社）等。

國家圖書館出版品預行編目（CIP）資料

多蔬・少油 蒸鍋 / 岩崎啓子 著；藍嘉楹翻譯
-- 初版.-- 臺北市 ： 笛藤，2010.12
面 ； 公分
ISBN 978-957-710-565-3（平裝）
1.食譜 2.調味品
427.1　　99023960

餐具提供

暮らしのうつわ 花田
東京都千代田區九段南 2-2-5
tel.03-3262-0669 fax.03-3264-6544

桌布提供（p.7,10,12-53,58-63）

布地のお店　Sol pano ソールパーノ
大阪市中央區瓦町 2-4-11
tel.06-6233-1329 fax.06-6233-1339
https://www.solpano.com
mail info@solpano.com

多蔬・少油 **蒸鍋**　　定價 200 元

2010年12月15日 初版第1刷
著　　者：岩崎啓子
攝　　影：原務
翻　　譯：藍嘉楹
編　　輯：賴巧淩
封面・內頁排版：果實文化設計
發 行 所：笛藤出版圖書有限公司
發 行 人：鍾東明
地　　址：臺北市民生東路二段147巷5弄13號
電　　話：(02)2503-7628・(02)2505-7457
傳　　真：(02)2502-2090
總 經 銷：聯合發行股份有限公司
地　　址：臺北縣新店市寶橋路235巷6弄6號2樓
電　　話：(02)2917-8022・(02)2917-8042
製 版 廠：造極彩色印刷製版股份有限公司
地　　址：臺北縣中和市中山路2段340巷36號
電　　話：(02)2240-0333・(02)2248-3904

訂書郵撥帳戶：笛藤出版圖書有限公司
訂書郵撥帳號：0576089-8